U0305848

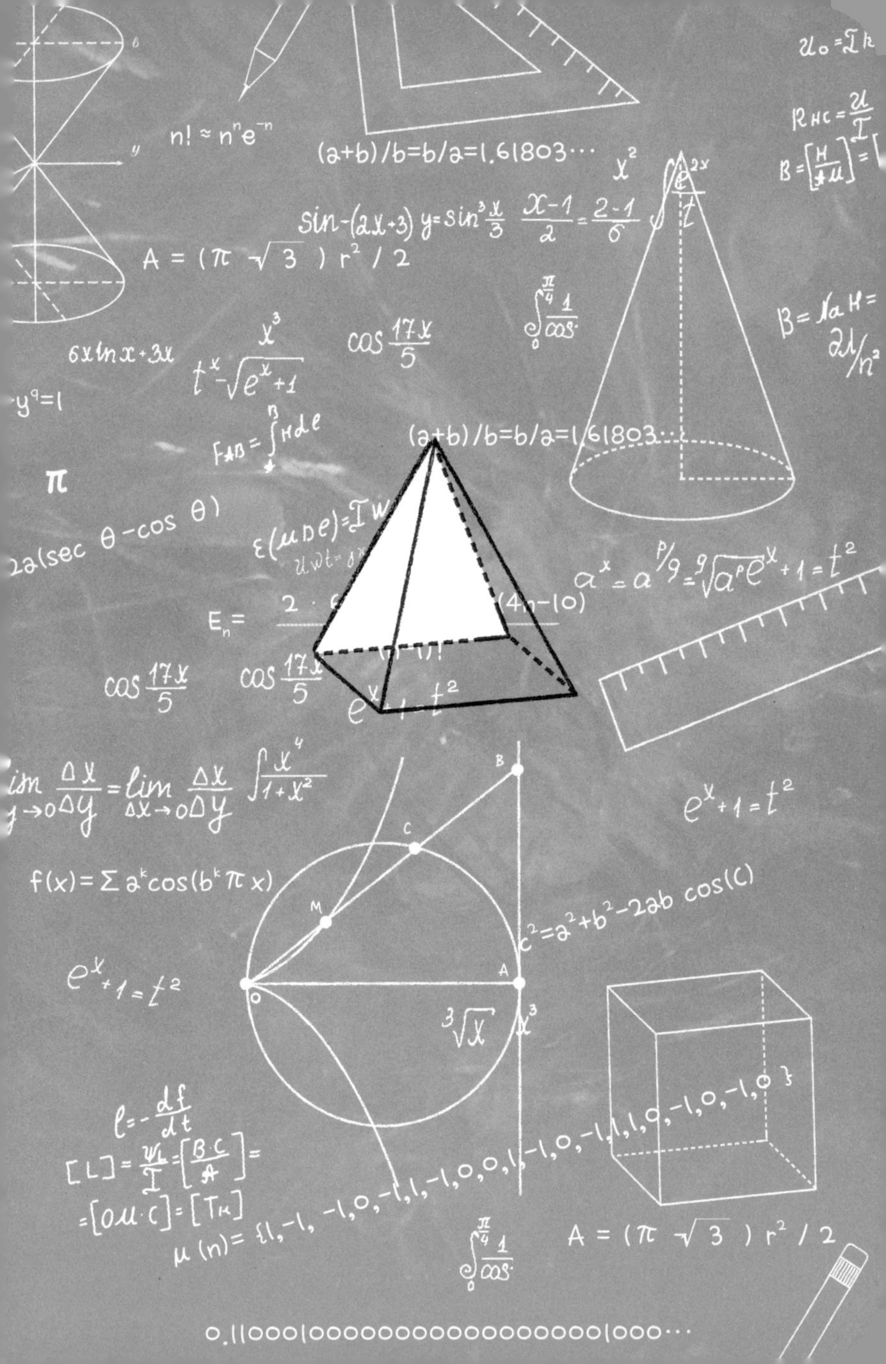

n! ≈ nⁿe⁻ⁿ
(a+b)/b=b/a=1.61803···
A = (π √3) r² / 2
cos 17x/5
f(x)=Σ aᵏcos(bᵏπx)
c²=a²+b²−2ab cos(C)
eˣ+1=t²
0.110001000000000000000001000···

$\oint_{l} \bar{H} d\bar{l} = \sum_{k=1}^{n} I_k$

$\int^{\frac{\pi}{4}} \frac{1}{\cos^2 x}$

β

$c^2=a^2+b^2-2ab\cos(C)$

θ

α

$e^x+1=t^2$

$\int \frac{e^{2x}}{\sqrt[4]{e^x+1}} dx =$

$\frac{dx}{\cos^2 x}$

数学笔记

杨大地　编著

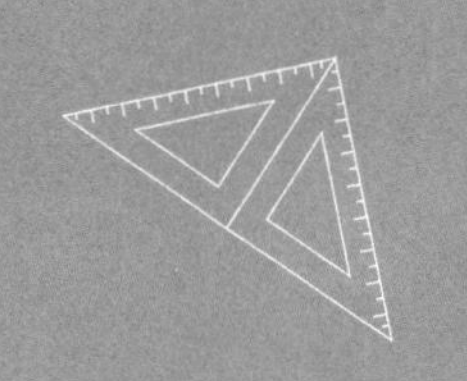

重庆大学出版社

$(a+b)/b=b/a=1.61803\cdots$

$r=2a(\sec\theta-\cos\theta)$

$\oint_l \bar{H}\,d\bar{l}=\sum_{k=1}^{n} I_k$

$e^x+1=t^2$

音乐能激发或抚慰人的感情，

绘画使人赏心悦目，

诗歌能动人心弦，

哲学使人聪慧，

科学可以改善生活，

而数学能做到这一切。

——克莱因

$\sqrt[3]{x}$ x^3

$n! \approx n^n e^{-n}$

θ

α

数学伴随我们的文明发生，伴随我们的文明发展，可是数学是什么，即使大师巨匠们也莫衷一是，答案依然五花八门。但数学之美确实渗入每一个学科领域，渗入我们每一个人心中。

翻开《数学之书》，我们会看到，数学发生于实用，这是毋庸置疑的。早期的人们用数学丈量土地、分配财产，后来的人们用它设计机械、修造建筑、开发资源、管理国家、探索宇宙……我们壮丽的文明的每一个脚印都有数学的深度参与，它确实是一种无所不在、无所不能的工具，但仅仅这样理解数学之美是远远不够的。

数学在发展的过程中，建立了自身的体系，这是一个壮观而严密、华丽而简洁的真、善、美系统，展现了其惊人夺魄的魅力。

说到“真”，数学定理是最真的真理。一个猜想一旦得到证明，就绝对正确、毫无疑义、无可挑战，成为人类文明永久的成果（如费马大定理）；反之只要举出一个反例，就可彻底推翻这个猜想（如梅森素数猜想）。这就产生了无穷的吸引力，引得一代代的数学家们穷尽自己毕生的才智，去追求真理，追求名垂青史的成就。

说到“善”，意味着一个完整的数学体系是完善的、完备的、自洽的，具有普遍意义的。如书中提到欧几里得的《几何原本》。很难

$c^2=a^2+b^2-2ab\cos(C)$

$x^p-y^q=1$

π

β

$\propto$

想象在两千三百多年前，这位大师就用五个简单的公设，通过逻辑推导，构建起了光彩夺目的几何学大厦，至今还是我们中学生学习数学和逻辑推理的重要内容。又如柯尼斯堡七桥问题，1736 年被数学大师欧拉解决，从而奠定了图论的基础。所有一笔画乃至多笔画问题，都可以引用他的简明扼要的结论去解决，以一挂万，可谓善也。

再说“美”，在本书中就可以信手拈来：毕达哥拉斯用整数比奠定了美妙的和弦音乐基础，黄金比造就的匀称的美感，阿基米德螺线描述了蕨苔的卷须和美丽的唐卡，莫比乌斯带和克莱因瓶匪夷所思的奇妙特质，曼德博集合展示的超自然的惊人的分形之美……

集真善美之大成的是数学公式：$e^{i\pi}+1=0$。它大气、漂亮、简洁，充满神秘的气息。正如皮尔斯所说：“虽然我们无法理解这个方程式，也不知道它所表达的意义，但我们却已经完成了证明。因此我们相信这个公式代表真理。”

最后让我们用克莱因的一段话来结束这篇短文：“音乐能激发或抚慰人的感情，绘画使人赏心悦目，诗歌能动人心弦，哲学使人聪慧，科学可以改善生活，而数学能做到这一切。”

2 + 0 = ___

Jan

1 2 3 4 5 6 7
8 9 10 11 12 13 14
15 16 17 18 19 20 21
22 23 24 25 26 27 28
29 30 31

Feb

1 2 3 4 5 6 7
8 9 10 11 12 13 14
15 16 17 18 19 20 21
22 23 24 25 26 27 28
29 30 31

Mar

1 2 3 4 5 6 7
8 9 10 11 12 13 14
15 16 17 18 19 20 21
22 23 24 25 26 27 28
29 30 31

Apr

1 2 3 4 5 6 7
8 9 10 11 12 13 14
15 16 17 18 19 20 21
22 23 24 25 26 27 28
29 30 31

May

1 2 3 4 5 6 7
8 9 10 11 12 13 14
15 16 17 18 19 20 21
22 23 24 25 26 27 28
29 30 31

Jun

1 2 3 4 5 6 7
8 9 10 11 12 13 14
15 16 17 18 19 20 21
22 23 24 25 26 27 28
29 30 31

Jul

1 2 3 4 5 6 7
8 9 10 11 12 13 14
15 16 17 18 19 20 21
22 23 24 25 26 27 28
29 30 31

Aug

1 2 3 4 5 6 7
8 9 10 11 12 13 14
15 16 17 18 19 20 21
22 23 24 25 26 27 28
29 30 31

Sep

1 2 3 4 5 6 7
8 9 10 11 12 13 14
15 16 17 18 19 20 21
22 23 24 25 26 27 28
29 30 31

Oct

1 2 3 4 5 6 7
8 9 10 11 12 13 14
15 16 17 18 19 20 21
22 23 24 25 26 27 28
29 30 31

Nov

1 2 3 4 5 6 7
8 9 10 11 12 13 14
15 16 17 18 19 20 21
22 23 24 25 26 27 28
29 30 31

Dec

1 2 3 4 5 6 7
8 9 10 11 12 13 14
15 16 17 18 19 20 21
22 23 24 25 26 27 28
29 30 31

$2 + 0 =$ ____

Jan						
1	2	3	4	5	6	7
8	9	10	11	12	13	14
15	16	17	18	19	20	21
22	23	24	25	26	27	28
29	30	31				

Feb						
1	2	3	4	5	6	7
8	9	10	11	12	13	14
15	16	17	18	19	20	21
22	23	24	25	26	27	28
29	30	31				

Mar						
1	2	3	4	5	6	7
8	9	10	11	12	13	14
15	16	17	18	19	20	21
22	23	24	25	26	27	28
29	30	31				

Apr						
1	2	3	4	5	6	7
8	9	10	11	12	13	14
15	16	17	18	19	20	21
22	23	24	25	26	27	28
29	30	31				

May						
1	2	3	4	5	6	7
8	9	10	11	12	13	14
15	16	17	18	19	20	21
22	23	24	25	26	27	28
29	30	31				

Jun						
1	2	3	4	5	6	7
8	9	10	11	12	13	14
15	16	17	18	19	20	21
22	23	24	25	26	27	28
29	30	31				

Jul						
1	2	3	4	5	6	7
8	9	10	11	12	13	14
15	16	17	18	19	20	21
22	23	24	25	26	27	28
29	30	31				

Aug						
1	2	3	4	5	6	7
8	9	10	11	12	13	14
15	16	17	18	19	20	21
22	23	24	25	26	27	28
29	30	31				

Sep						
1	2	3	4	5	6	7
8	9	10	11	12	13	14
15	16	17	18	19	20	21
22	23	24	25	26	27	28
29	30	31				

Oct						
1	2	3	4	5	6	7
8	9	10	11	12	13	14
15	16	17	18	19	20	21
22	23	24	25	26	27	28
29	30	31				

Nov						
1	2	3	4	5	6	7
8	9	10	11	12	13	14
15	16	17	18	19	20	21
22	23	24	25	26	27	28
29	30	31				

Dec						
1	2	3	4	5	6	7
8	9	10	11	12	13	14
15	16	17	18	19	20	21
22	23	24	25	26	27	28
29	30	31				

1 + 2 + 3 + 4

5 + 6 ≠ 7

1 2 3 4 5 6 7 8 9 10 11 12

+ − × ÷

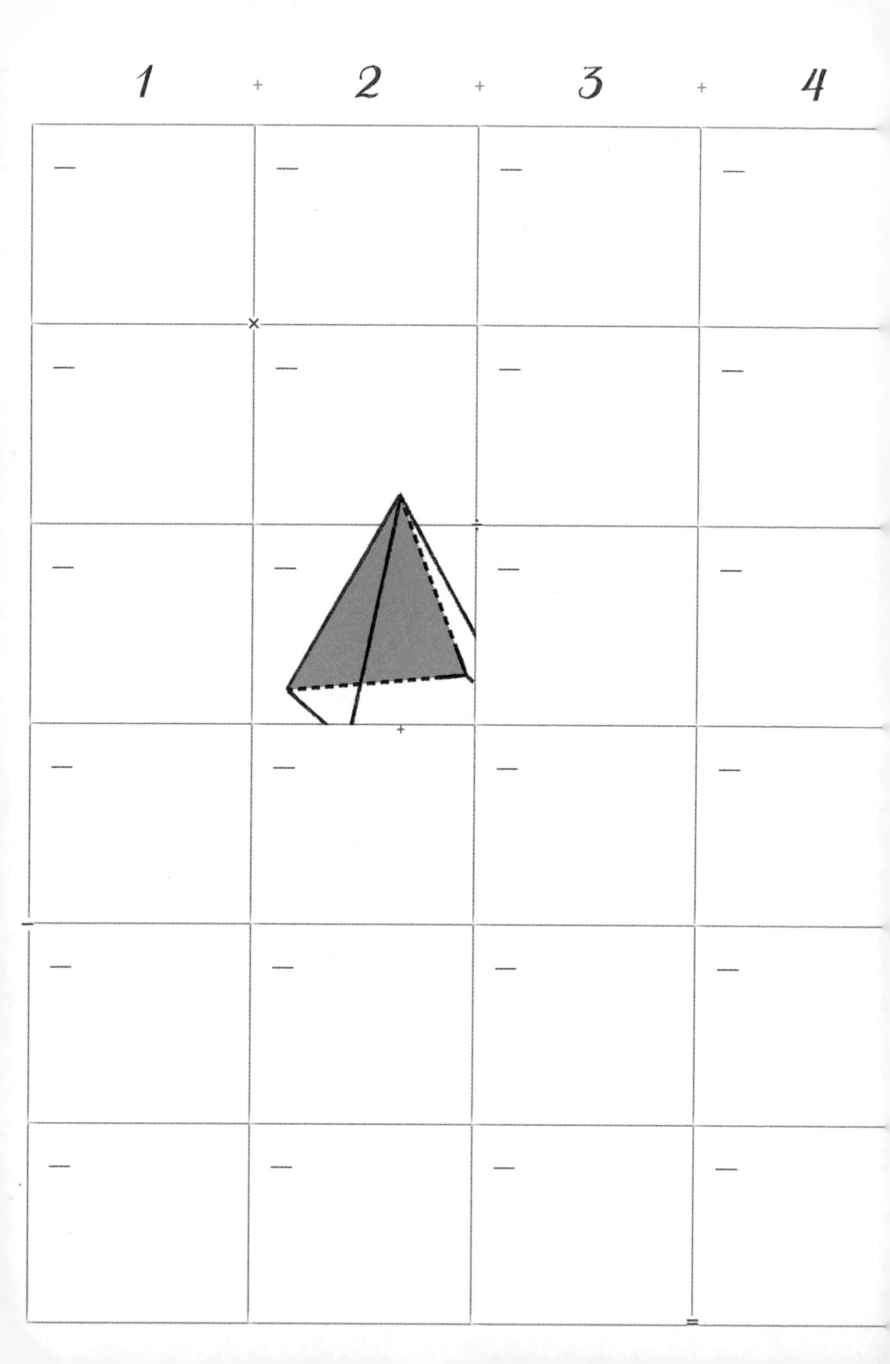
1
2
3
4

5 + 6 ≠ 7

1 2 3 4 5 6 7 8 9 10 11 12

+ − × ÷

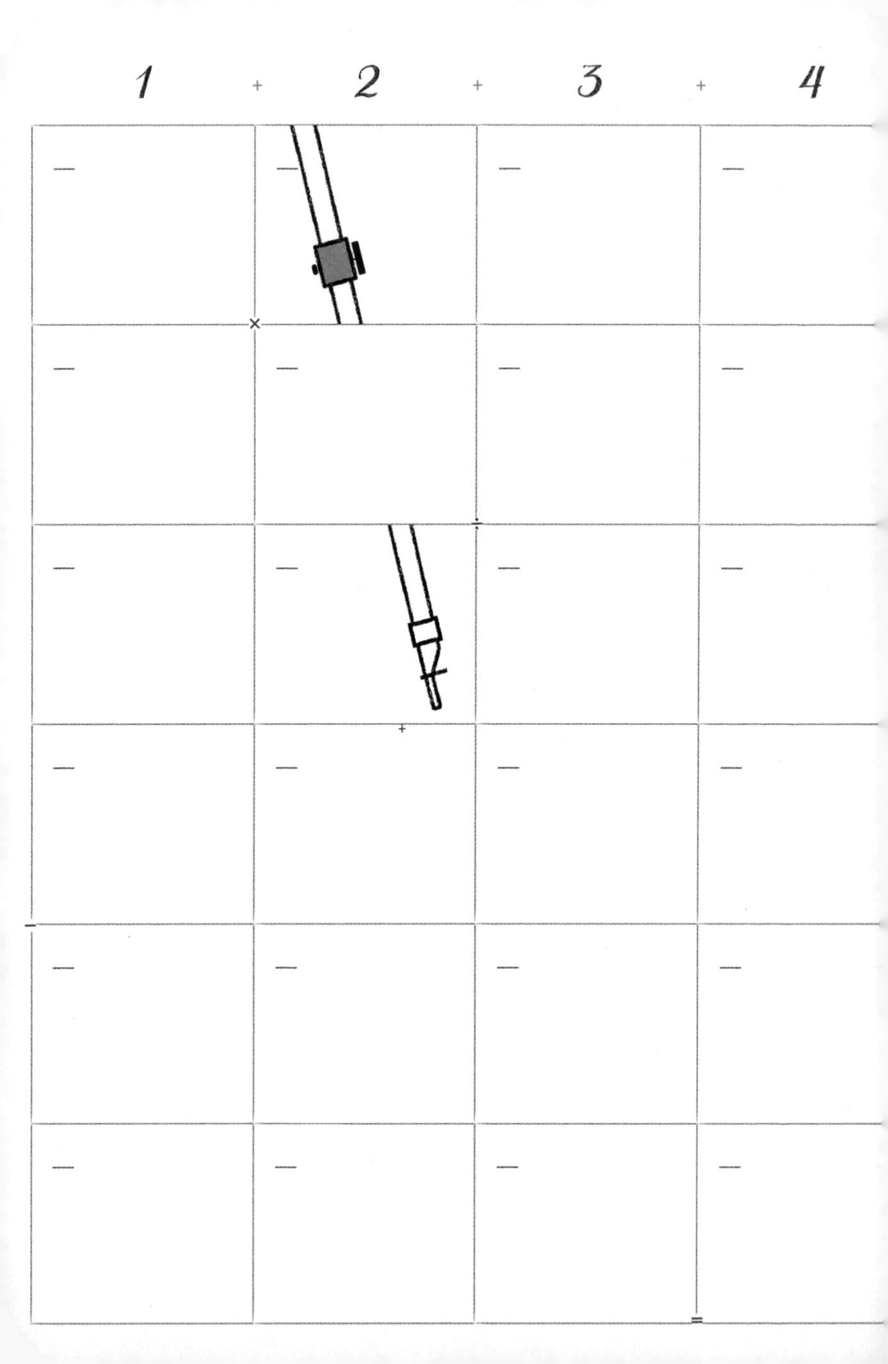
1
2
3
4

5 + 6 ≠ 7

1 2 3 4 5 6 7 8 9 10 11 12

+ − × ÷

1 - 2 - 3 - 4

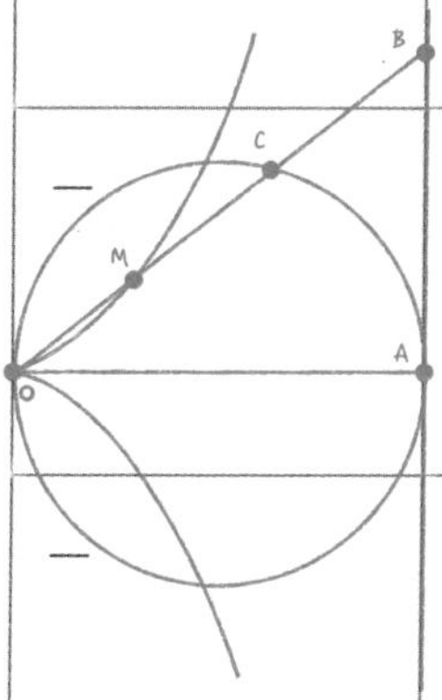

B

C

M

A

O

5 − 6 ≠ 7

1 2 3 4 5 6 7 8 9 10 11 12

+ − × ÷

1	2	3	4

5 6 7

1 2 3 4 5 6 7 8 9 10 11 12

+ − × ÷

1	2	3	4
—	—	—	—
—	—	—	—
—	—	—	—
—	—	—	—
—	—	—	—
—	—	—	—

5 — 6 ≠ 7

1 2 3 4 5 6 7 8 9 10 11 12

+ − × ÷

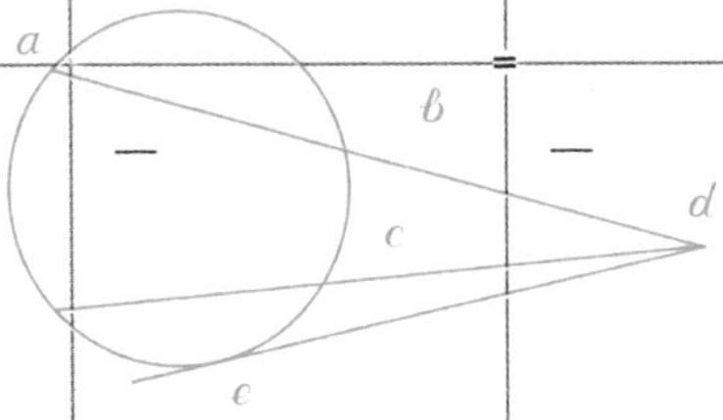

a b c d e

1 × 2 × 3 × 4

—	—	—	—
—	—	—	—
—	—	—	—
—	—	—	—
—	—	—	—
—	—	—	—

5 × 6 ≠ 7 1 2 3 4 5 6 7 8 9 10 11 12

+ − × ÷

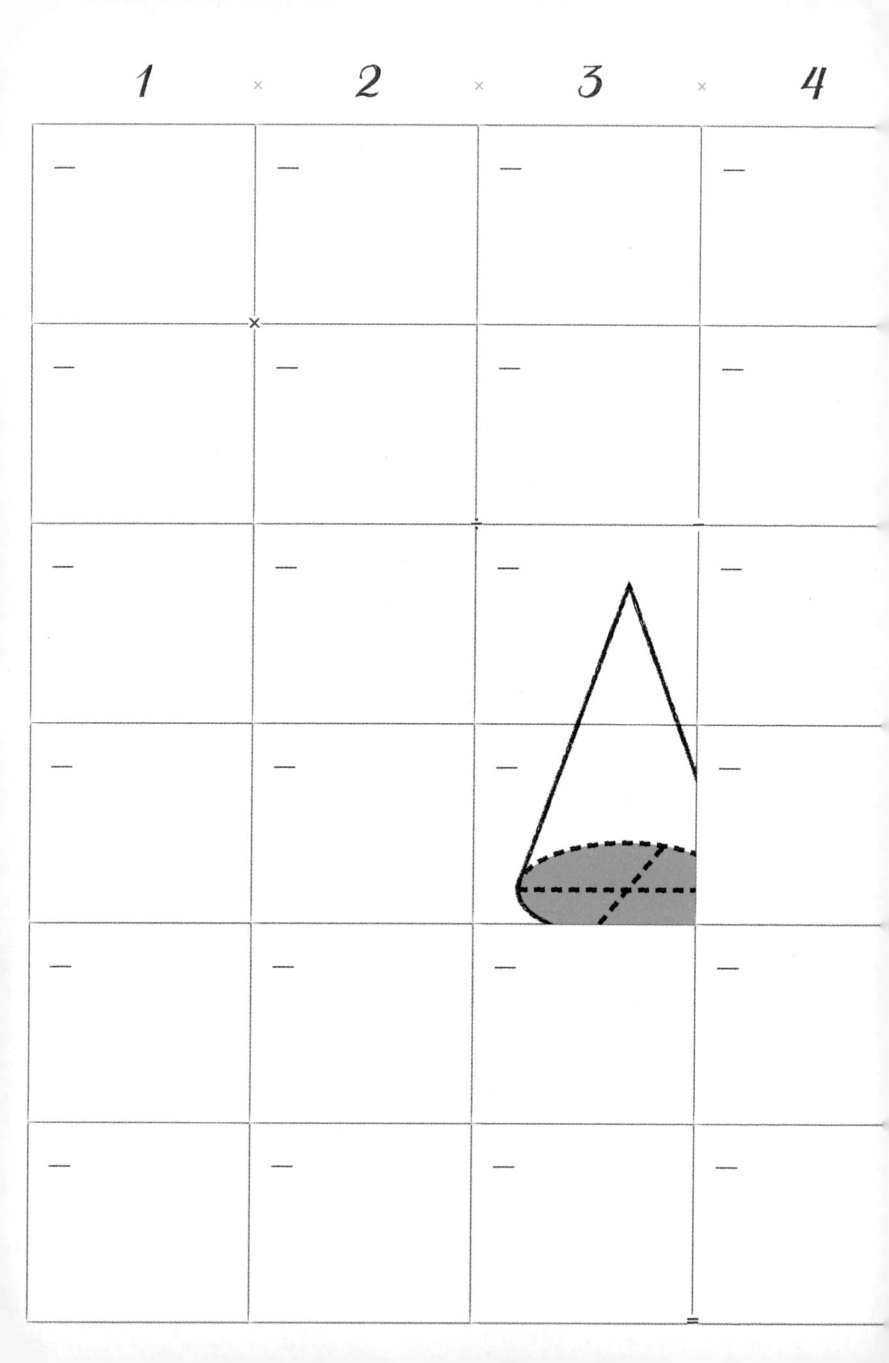

1
2
3
4

5 × 6 ≠ 7

1 2 3 4 5 6 7 8 9 10 11 12

+ − × ÷

1 × 2 × 3 × 4

5 × 6 ≠ 7

1 2 3 4 5 6 7 8 9 10 11 12

+ − × ÷

1 ÷ 2 ÷ 3 ÷ 4

$y' = 6x^2 + 10x - 7$ $\sqrt[4]{t^3 + e^x} = t$

5 ÷ 6 ≠ 7

1 2 3 4 5 6 7 8 9 10 11 12

+ − × ÷

$a^x = a^{p/q} = \sqrt[q]{a^p}$

$\frac{1}{4}$

+ − × ÷

1 ÷ 2 ÷ 3 ÷ 4

$n! \approx n^n e^{-n}$

$c^2=a^2+b^2-2ab\cos(C)$

5
6
7
1 2 3 4 5 6 7 8 9 10 11 12
$x^2+y^2=r^2$
$\cos\frac{17x}{5}$

1 ÷ 2 ÷ 3 ÷ 4

$x^2+y^2=r^2$

5 ÷ 6 ≠ 7

1 2 3 4 5 6 7 8 9 10 11 12

+ − × ÷

$\mu(n) = \{1, -1, -1, 0, -1, 1, -1, 0, 0, 1, -1, 0, -1, 1, \ldots$

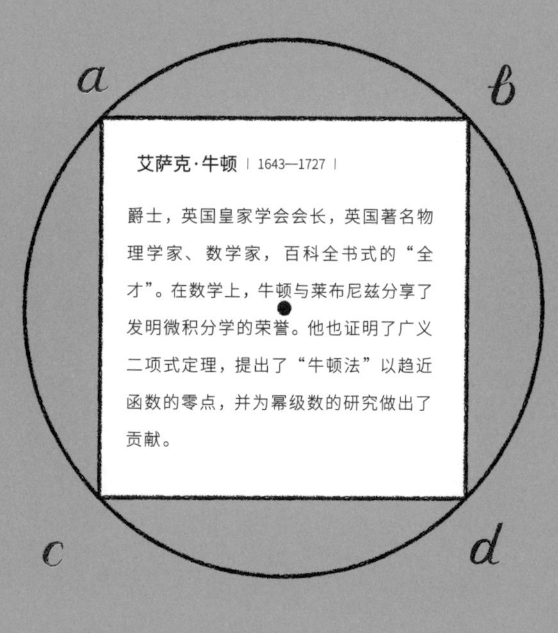

艾萨克·牛顿 | 1643—1727 |

爵士，英国皇家学会会长，英国著名物理学家、数学家，百科全书式的“全才”。在数学上，牛顿与莱布尼兹分享了发明微积分学的荣誉。他也证明了广义二项式定理，提出了“牛顿法”以趋近函数的零点，并为幂级数的研究做出了贡献。

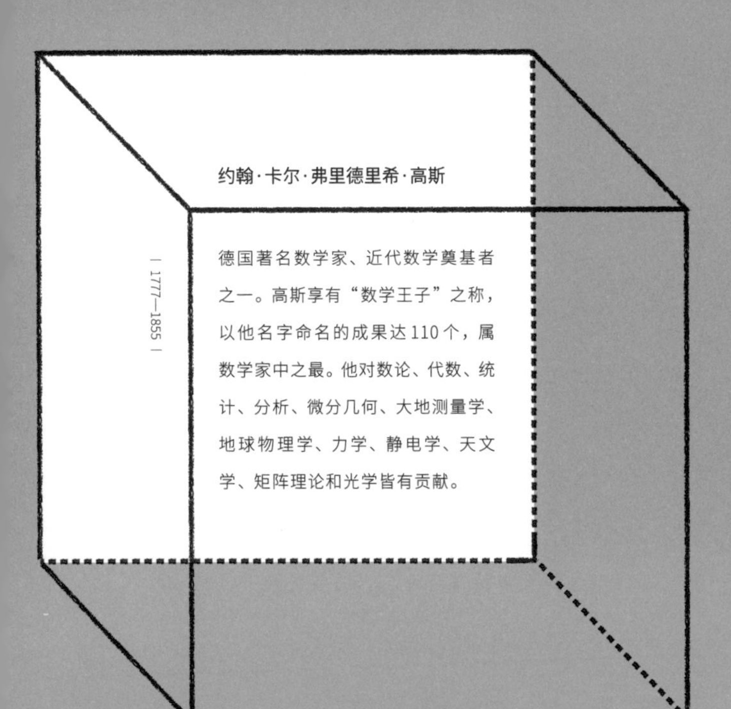

约翰·卡尔·弗里德里希·高斯

| 1777—1855 |

德国著名数学家、近代数学奠基者之一。高斯享有“数学王子”之称，以他名字命名的成果达110个，属数学家中之最。他对数论、代数、统计、分析、微分几何、大地测量学、地球物理学、力学、静电学、天文学、矩阵理论和光学皆有贡献。

莱昂哈德·欧拉

| 1707—1783 |

瑞士数学家、自然科学家。

欧拉是18世纪数学界最杰出的人物之一，是数学史上最多产的数学家，平均每年写出八百多页的论文，在许多数学的分支中也经常见到以他的名字命名的重要常数、公式和定理。

约瑟夫·拉格朗日

| 1736—1813 |

法国籍意大利裔数学家和天文学家。拉格朗日一生才华横溢，在天文计算、方程求解、计算数学等方面贡献突出，其中尤以数学方面的成就最为突出。他的成就包括著名的拉格朗日中值定理。

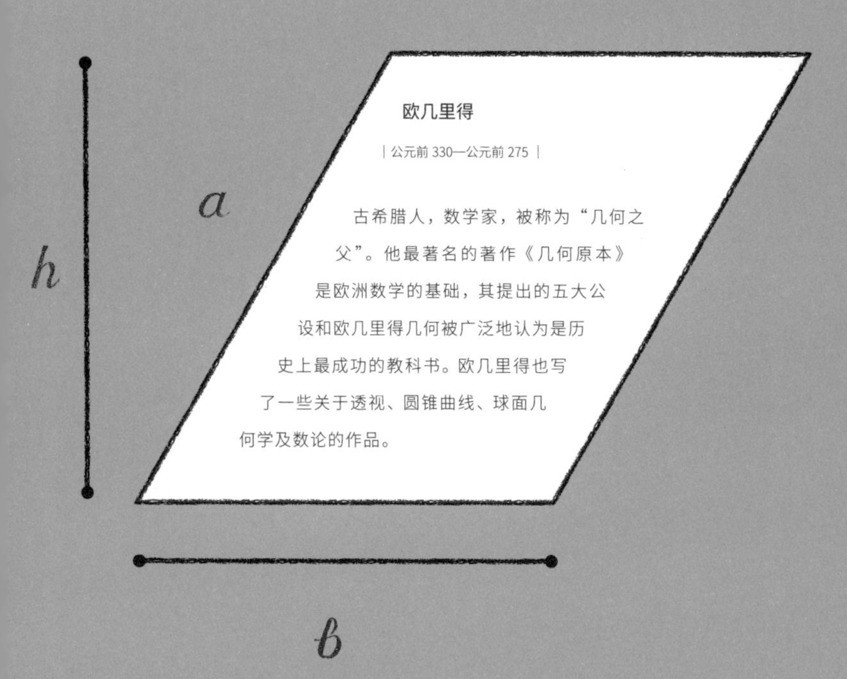

欧几里得

| 公元前 330—公元前 275 |

古希腊人，数学家，被称为“几何之父”。他最著名的著作《几何原本》是欧洲数学的基础，其提出的五大公设和欧几里得几何被广泛地认为是历史上最成功的教科书。欧几里得也写了一些关于透视、圆锥曲线、球面几何学及数论的作品。

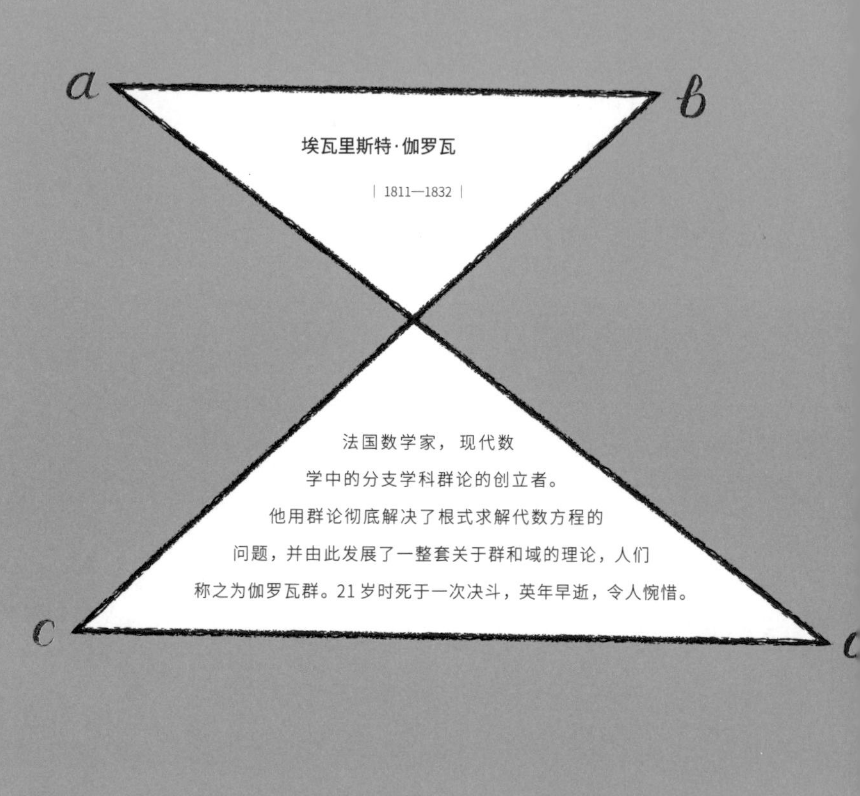
a
b
c
c
埃瓦里斯特·伽罗瓦
| 1811—1832 |
法国数学家，现代数
学中的分支学科群论的创立者。
他用群论彻底解决了根式求解代数方程的
问题，并由此发展了一整套关于群和域的理论，人们
称之为伽罗瓦群。21 岁时死于一次决斗，英年早逝，令人惋惜。

戴维·希尔伯特

| 1862—1943 |

德国著名数学家。他于1900年8月8日在巴黎第二届国际数学家大会上，提出的新世纪数学家应当努力解决的23个数学问题，被认为是20世纪数学的至高点。对这些问题的研究有力地推动了20世纪数学的发展，在全世界范围内产生了深远的影响。

波恩哈德·黎曼

| 1826—1866 |

德国数学家。对数学分析和微分几何做出了重要贡献，开创了黎曼几何，并为爱因斯坦的广义相对论提供了数学基础。他的名字出现在黎曼ζ函数、黎曼积分、黎曼几何、黎曼引理、黎曼流形、黎曼映照定理、黎曼-希尔伯特问题和黎曼曲面中。

| 1601—1665 |

法国律师，也是一位业余数学家。他虽然以费马大定理而出名，但其他数学成果也很多。数学史学家贝尔认为费马是17世纪数学家中最多产的明星。他在数论、解析几何、概率论和微积分方面都有重要的贡献。

奥古斯丁·路易·柯西
| 1789—1857 |
法国数学家、物理学家、天文学家。柯西一生写了大约八百篇论文，很多数学的定理和公式都以他的名字来命名，如柯西不等式、柯西积分公式。他一生中最重要的贡献主要是在微积分学、复变函数和微分方程这三个领域。

哥德巴赫猜想：

公元1742年哥德巴赫写信给当时的大数学家欧拉，提出了以下的猜想：任何一个大于6的偶数，都可以表示成两个奇素数之和。即所谓“1+1=2”的问题。从此，这道数学难题引起了世界上成千上万数学家的兴趣，但直到现在没能被证明。中国数学家陈景润曾取得过重要进展。哥德巴赫猜想被誉为数学皇冠上一颗可望而不可及的“明珠”。

四色猜想：

1852 年，毕业于伦敦大学的弗朗西斯 · 古德里发现了一种有趣的现象：每幅地图都可以用四种颜色着色，使得有共同边界的国家着上不同的颜色。直到 1976 年，美国数学家阿佩尔与哈肯在美国伊利诺斯大学的两台不同的电子计算机上，用了 1200 个小时，作了 100 亿次判断，终于完成了四色定理的证明。

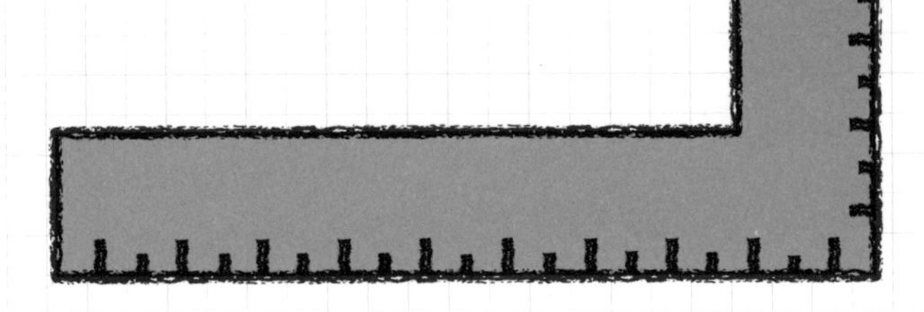

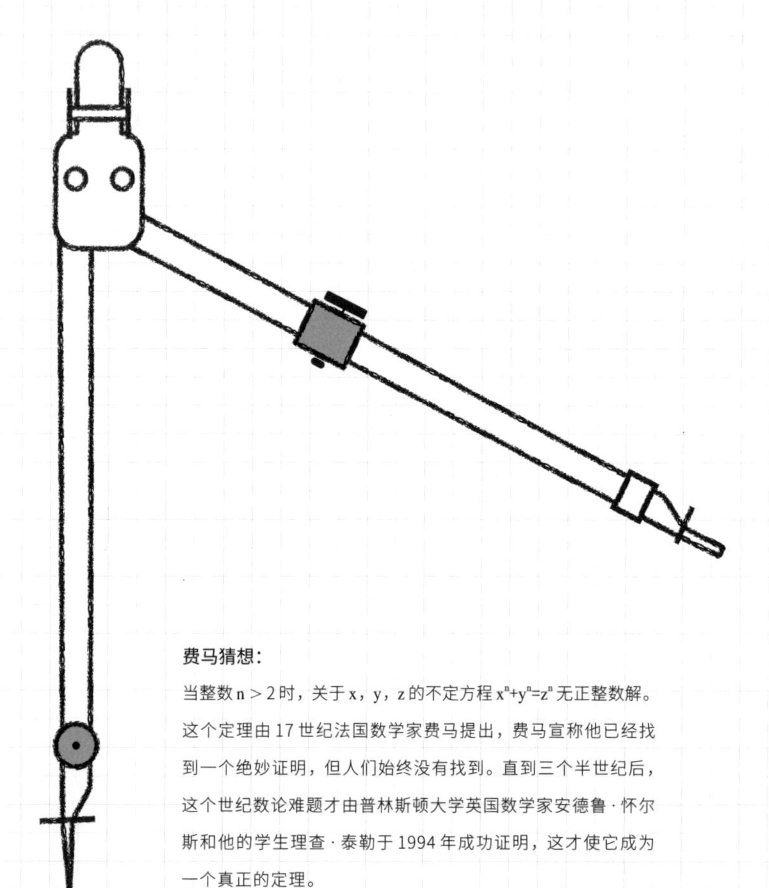

费马猜想：

当整数 $n>2$ 时，关于 x，y，z 的不定方程 $x^n+y^n=z^n$ 无正整数解。这个定理由 17 世纪法国数学家费马提出，费马宣称他已经找到一个绝妙证明，但人们始终没有找到。直到三个半世纪后，这个世纪数论难题才由普林斯顿大学英国数学家安德鲁 · 怀尔斯和他的学生理查 · 泰勒于 1994 年成功证明，这才使它成为一个真正的定理。

欧拉猜想：

并不是所有的猜想都会成为定理，也有相当多的猜想因一个反例被否决。数学大师欧拉曾猜想：方程 $x^4+y^4+z^4=w^4$ 没有正整数解。两百多年内一直没人能证明，也没人能证伪。直到 1988 年哈佛大学的诺姆·埃尔克斯（Noam Elkies）举出反例：$2682440^4+15365639^4+18796760^4=20615673^4$，否定了这个猜想。

德国数学家暨数论大师利奥波德·克罗内克（Leopold Kronecker）曾经说过：“只有整数来自上帝，其他都是人造的。” 《数学之书》简介第VIII页

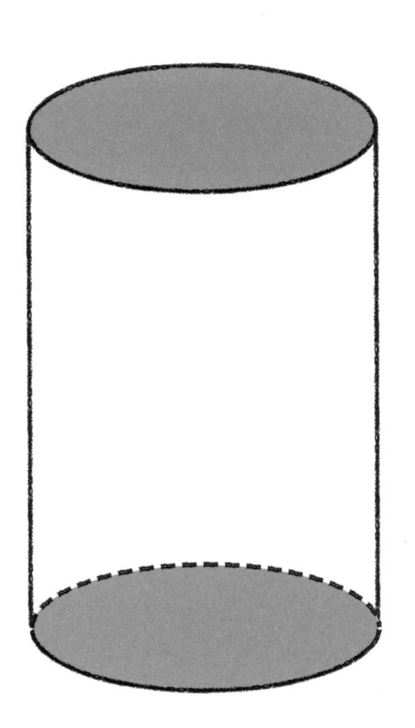

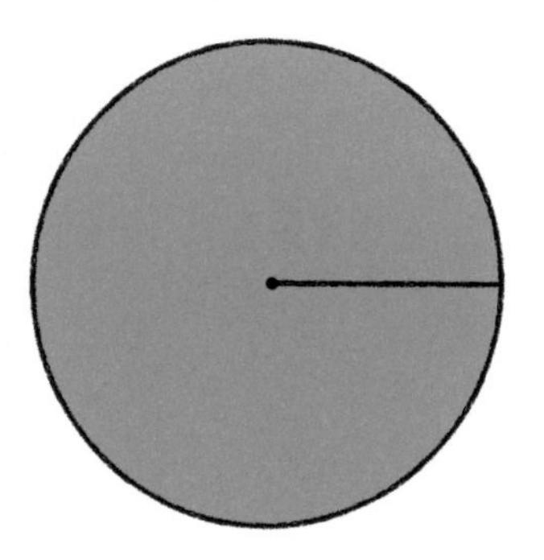

柏拉图认为上帝就是用正十二面体规划了天上繁星的秩序。

《数学之书》第17页

对毕达哥拉斯而言，数学就像神谕般令人着迷。

《数学之书》第 14 页

托里切利小号有时候也会被称为加百利号角，这个名称会让人联想到大天使加百利吹动号角宣告审判日的来临，并联想到上帝无远弗届的力量。

《数学之书》第64页

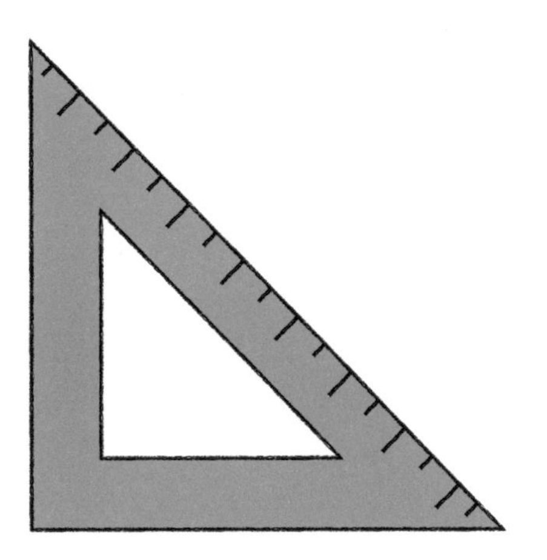

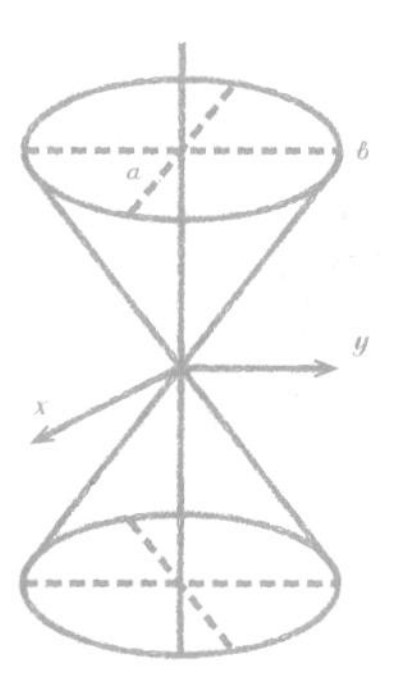

b
a
y
x

或许某位上帝的使者察看完一望无际的混沌之洋后，轻轻地用手指在其中拨弄了一下，而就在这刹那被不经意扰乱的平衡中，我们的宇宙诞生了。

《数学之书》第196页

$\frac{y-2}{-3}$

$a^x = a^{p/q} = \sqrt[q]{a^p}$

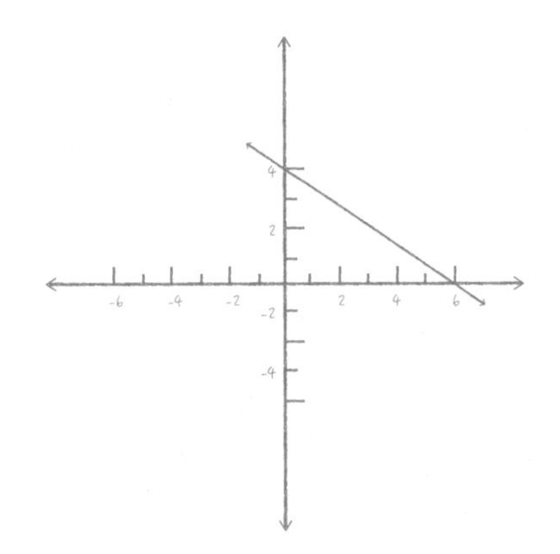

4
2
-6
-4
-2
2
4
6
-2
-4

布尔夫人还另外写道："天使，就像负数的平方根一样……是来自冥冥未知领域的信差，前来告诉我们人生的下一阶段该何去何从，告诉我们前往彼岸的快捷方式，也同时告诉我们当下还不是前往彼岸的时刻。"

《数学之书》第153页

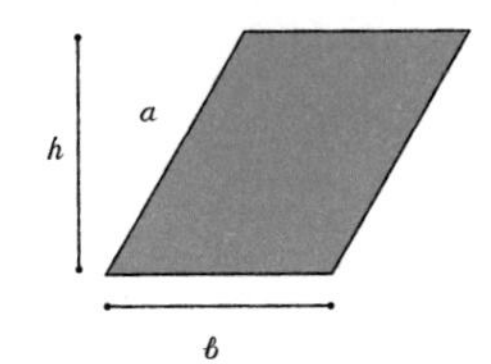
a
h
b

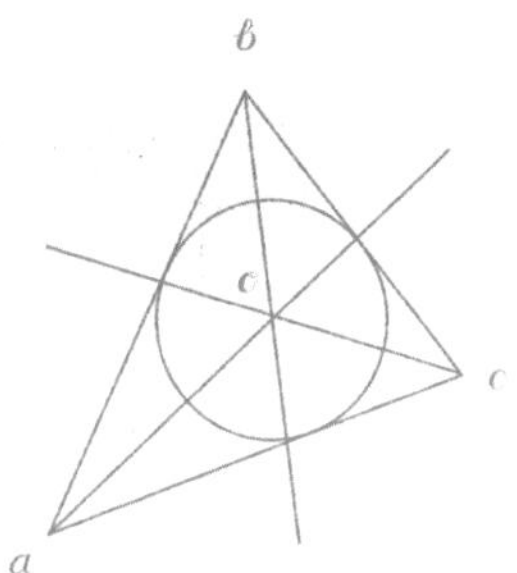
b
o
c
a

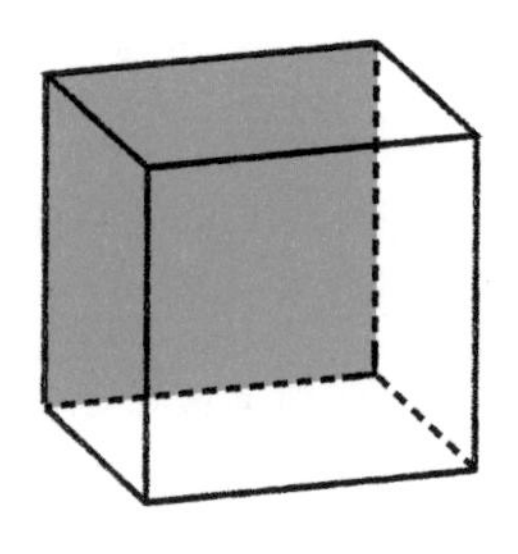

伟大的瑞士数学家欧拉曾表示：“数学家们穷尽一切努力想要发现质数数列的规律，可是就算到目前为止，也依旧徒劳无功；或许我们有理由相信这是一个人类大脑永远无法深入探究的神秘领域。”

《数学之书》第233页

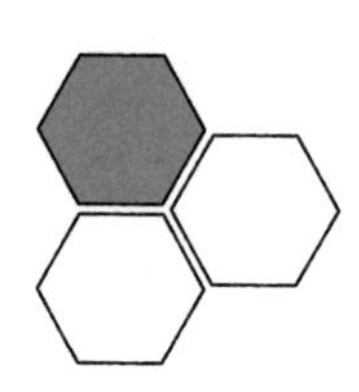

康托尔说，他知道超限数一定存在的原因是：“上帝就是这样告诉我的。”再者，无所不能的上帝怎么可能只创造出有限的数字呢？

《数学之书》第124页

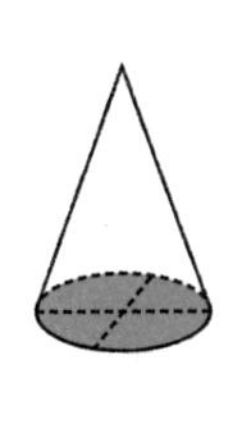

$$x^4+y^4+z^4=w^4$$

$$2682440^4+15365639^4+18796760^4=20615673^4$$

这些正多面体的美妙与对称性不但让柏拉图大受震撼，他甚至认为这些正多面体的形状恰可用来描述组成宇宙四元素的结构。

《数学之书》第 17 页

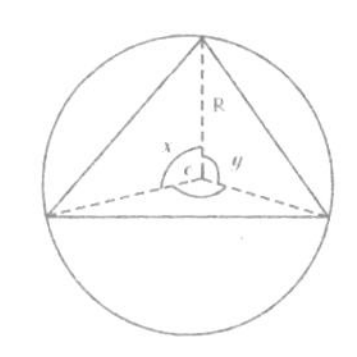

女诗人圣文森米莱（Edna St.Vincent Millay）则写道：

“只有欧几里得看得见最纯粹的美。”

《数学之书》第20页

$$(a+b)/b=b/a=1.61803\cdots$$

$$c^2=a^2+b^2-2$$

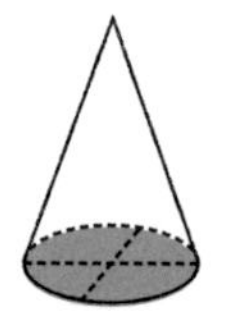

哲学与逻辑学家罗素曾在文章中表示：“我 11 岁时在哥哥的指导下开始学习《几何原本》，那是我生命中最精彩的一段时光，如同初恋般光彩夺目，根本无法想象世间还有什么其他事情能如此令人着迷。”

《数学之书》第 20 页

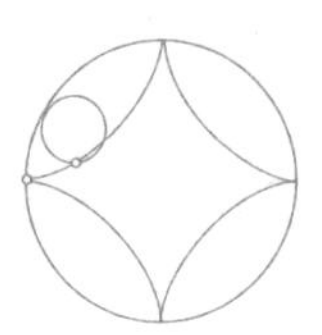

1941 年，数学家哈代留下这么一句话：“当（剧作家）埃斯库罗斯被遗忘时，阿基米德却还是会被人们提起，因为语言文字会有消失的一天，但是数学思想却不会；或许没人相信‘不朽’这回事，但用来描述数学家却可能是最贴切的。”

《数学之书》第 21 页

如果用无限象征上帝的话，发散级数就像一群想要高飞以接近上帝的天使；只要存在永恒的状态，这些天使就会与造物主紧紧相随。

《数学之书》第 44 页

伟大的数学家莱布尼兹称虚数“像是圣灵般的奇妙旅程，

几乎处于存在与不存在之间”。

《数学之书》第54页

霍金把《概率分析论》视为大师级的巨作，指出："拉普拉斯坚信世间万物都是既定的，实际上并没有概率这一回事。所谓的概率，其实来自人类的无知。"

《数学之书》第98页

日后，当柯瓦列夫斯卡娅回顾自己一生的时候，她留下这样一句话："灵魂中没有带点诗人般浪漫情怀的人，是不可能成为一位数学家的。"

《数学之书》第 122 页

柯瓦列夫斯卡娅说："数学是一门卓越而又充满神秘的学科，就算是初学者也能领略数学开启了一扇凡人无法抵达、通往美丽境界的大门。"

《数学之书》第 122 页

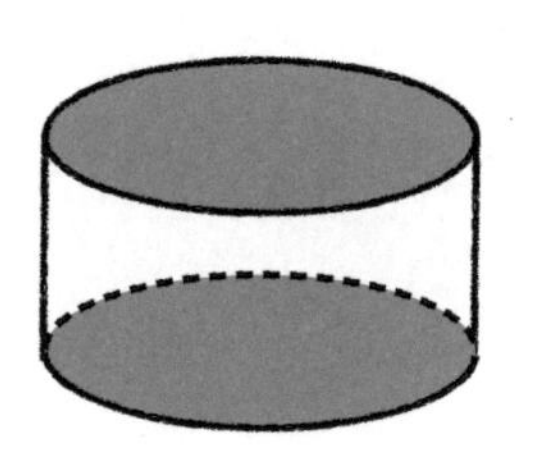

格兰维尔（Andrew Granville）评论道：“质数是数学领域最基本的组成元素，但同时带有最神秘的色彩。”

《数学之书》第 160 页

人类大脑发展到让我们有能力遮风避雨，知道去哪里找果实果腹，甚至也可以避免自己死于非命，可是我们的大脑却没有演化出掌握天文数字的能力，也没办法在千奇百怪的空间维度中一眼看穿事物的本质。

《数学之书》第 250 页

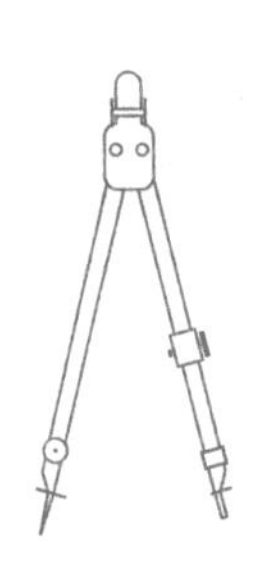

待办事项

- 写《数学之书》读书笔记 ✓
-

待办事项	
• 读哥德尔定理 P173	✓
•	

待办事项

- $x^4+y^4+z^4=w^4$? ? ✓

待办事项

- 理解蜂窝猜想？ ✓
-

待办事项

- 预习《高等数学》 ✓

待办事项

- 下单《数学笔记》x2 ✓
-

图书在版编目（CIP）数据

数学笔记 / 杨大地编著．-- 重庆：重庆大学出版社，2019.1

（里程碑书系）

ISBN 978-7-5689-0074-4

Ⅰ．①数… Ⅱ．①杨… Ⅲ．①数学—普及读物 Ⅳ．①01-49

中国版本图书馆 CIP 数据核字（2018）第 266381 号

数学笔记 SHUXUE BIJI

杨大地 编著

责任编辑：王思楠

责任校对：刘志刚

责任印制：张 策

装帧设计：UFO_鲁明静 汤 妮

重庆大学出版社出版发行

出版人：易树平

社址：(401331) 重庆市沙坪坝区大学城西路 21 号

网址：http://www.cqup.com.cn

印刷：北京利丰雅高长城印刷有限公司

开本：787mm×1092mm 1/32 印张：6.25

2019 年 1 月第 1 版 2019 年 1 月第 1 次印刷

ISBN 978-7-5689-0074-4 定价：48.00 元

本书如有印刷、装订等质量问题，本社负责调换

版权所有，请勿擅自翻印和用本书制作各类出版物及配套用书，违者必究

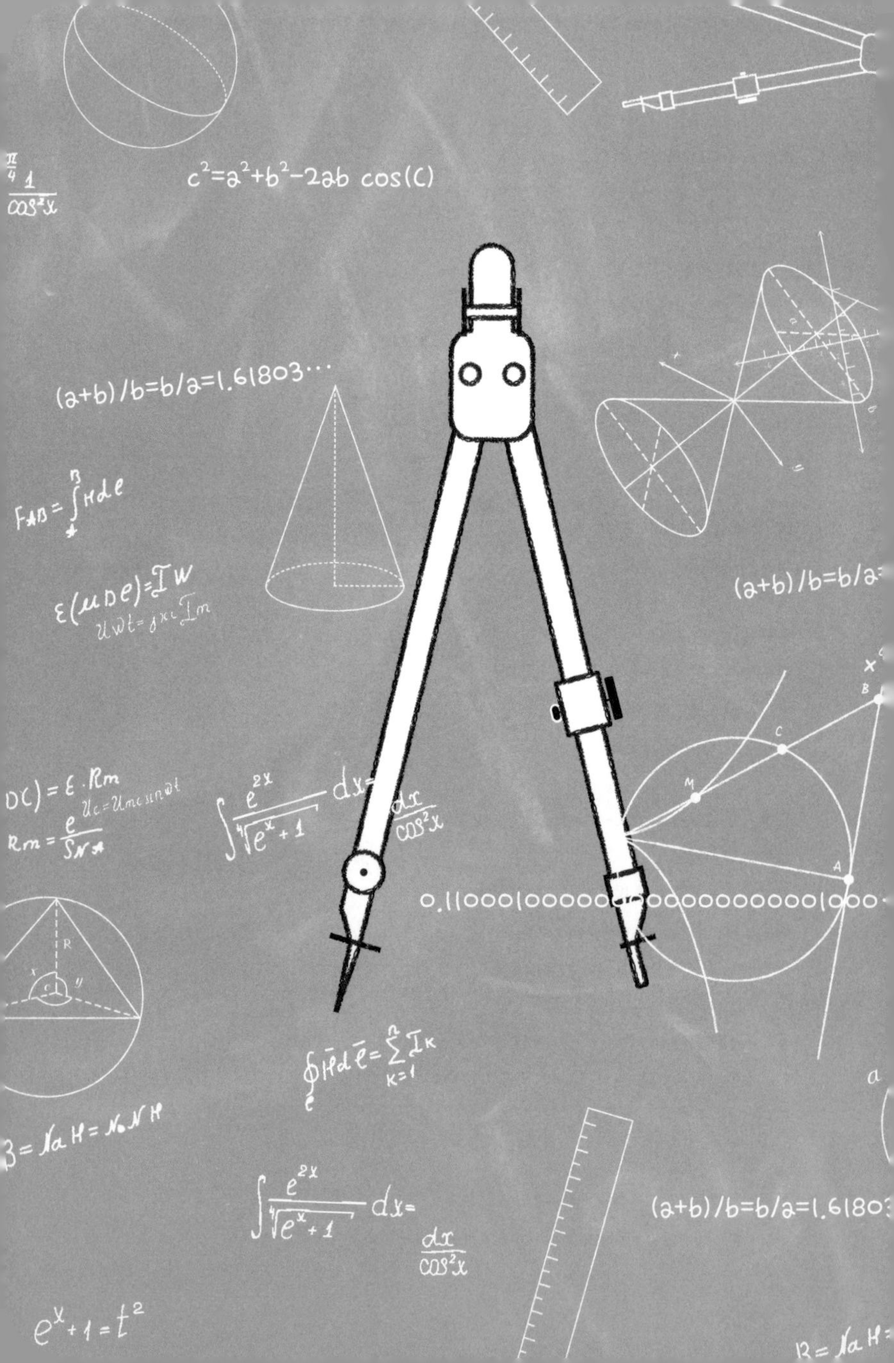

c²=a²+b²−2ab cos(C)
(a+b)/b=b/a=1.61803···
(a+b)/b=b/a=1.6180
eˣ+1=t²

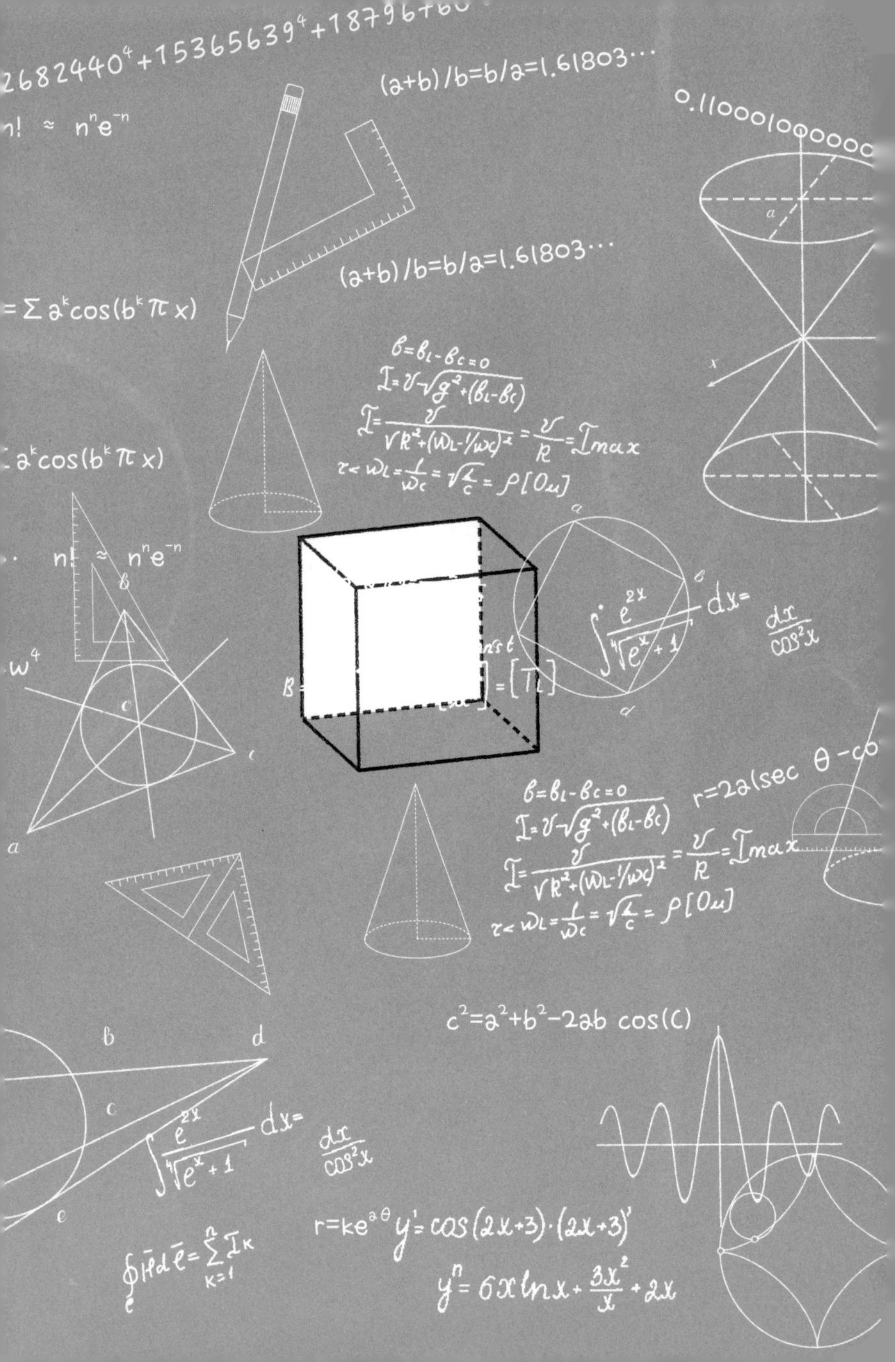

(a+b)/b=b/a=1.61803…
(a+b)/b=b/a=1.61803…
c²=a²+b²−2ab cos(C)
r=ke^aθ
y'=cos(2x+3)·(2x+3)'

π